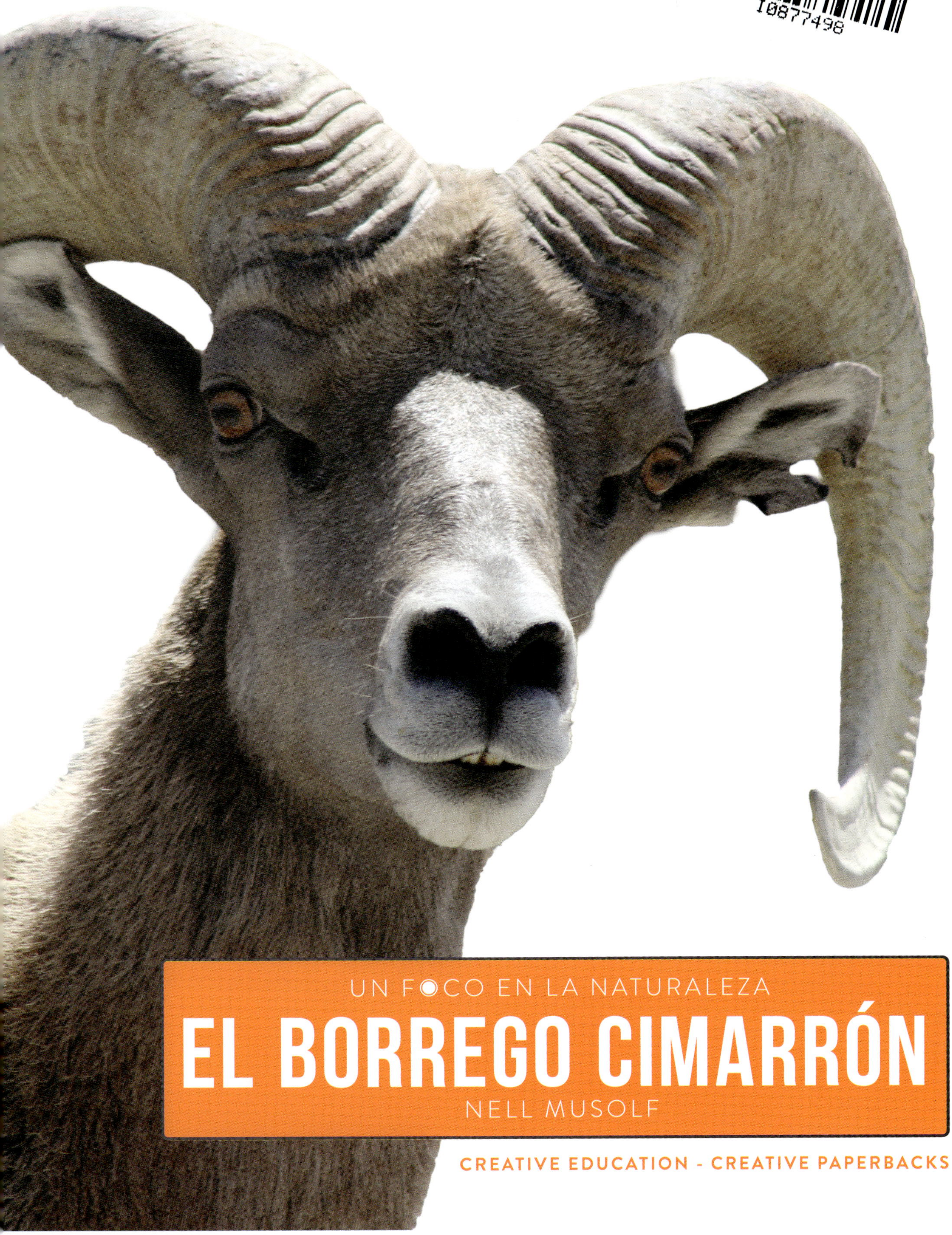

UN FOCO EN LA NATURALEZA

EL BORREGO CIMARRÓN

NELL MUSOLF

CREATIVE EDUCATION - CREATIVE PAPERBACKS

Publicado por Creative Education y Creative Paperbacks
P.O. Box 227, Mankato, Minnesota 56002
Creative Education y Creative Paperbacks son sellos
de The Creative Company
www.thecreativecompany.us

Diseño y producción por Blue Design, Inc.
Dirección artística por Tom Morgan
Editado por Grace Beltowski

Fotografías de Alamy Stock Photo/James Hager, 26; Corbis/23; Deposit Photos/jill@ghostbear.org, 8, 10, 11, 14, 16, 20, 22; Dreamstime/Anna Richard, 15, Sherry Young, 6; flickr/Biodiversity Heritage Library, 21; iStock/Petr Kahanek, 12, raincoast, 28; Pexels/Aaron J Hill, 16, 24, Britt Pigat, 22, bryan pascual, 18, Ricardo CL, 29 (cima); Shutterstock/James Marvin Phelps, 9, 17, 29 (fondo), Montipaiton, 21, Tom Reichner, 10; Unsplash/Jon Sailer, 27, Paxson Woelber, 14, Pete Nuij, 4–5; Wikimedia Commons/Cary Bass-Deschenes, portada, 1, Rennett Stowe, 29 (centro)

Library of Congress Cataloging-in-Publication Data
Names: Musolf, Nell, author.
Title: El borrego cimarroìn / Nell Musolf.
Other titles: Bighorn sheep. Spanish
Description: Mankato, Minnesota : Creative Education/Creative Paper backs, [2026] | Series: Un foco en la naturaleza | Includes index. | Audience term: Preteens | Audience term: Fourth grade students | Audience: Ages 10-13 | Audience: Grades 4-6 | Summary: "Spring into the bighorn sheep's world with this nature title for middle-grade wildlife lovers. Translated into North American Spanish, informational text pairs with a narrative about a single bighorn family to spotlight the wild animal's life cycle, supported by infographics and a timeline of developmental milestones"— Provided by publisher.
Identifiers: LCCN 2024053912 (print) | LCCN 2024053913 (ebook) | ISBN 9798889899174 (library binding) | ISBN 9781682779576 (paperback) | ISBN 9798889899969 (ebook)
Subjects: LCSH: Bighorn sheep—Juvenile literature.
Classification: LCC QL737.U53 M88818 2026 (print) | LCC QL737.U53 (ebook) | DDC 599.649—dc23/eng/20250210
LC record available at https://lccn.loc.gov/2024053912
LC ebook record available at https://lccn.loc.gov/2024053913

Impreso en India

CONTENIDO

CONOCE A LA FAMILIA

EL BORREGO CIMARRÓN

del Parque Nacional de las Montañas Rocosas

Es un suave día de primavera en el Parque Nacional de las Montañas Rocosas. Situado en el norte de Colorado, el parque contiene una parte de las Montañas Rocosas. Esta famosa cadena montañosa se extiende desde el norte de Alberta y la Columbia Británica en Canadá hasta el sur de Nuevo México, pasando por el oeste de Estados Unidos. La hierbabuena de color púrpura brillante crece en racimos donde brilla el sol. En los valles pueden verse manadas de alces pastando. También es frecuente ver osos, alces y ciervos en los picos escarpados y las montañas boscosas del parque, pero hay otro residente más difícil de encontrar: el borrego cimarrón.

En este día especial, una **oveja** ha dejado atrás el rebaño. Escoge un lugar aislado y protegido desde el que puede ver claramente su entorno y a los depredadores que se acercan. Debe asegurarse de que este espacio es seguro. Después de seis meses de preparación seis meses de preparación, ha llegado el momento del parto.

PRIMER PLANO

Olfateadores sensibles

El sentido del olfato de los cimarrones es bastante fuerte y pueden identificar a distintos depredadores por sus olores. Todos los cimarrones utilizan el olfato para encontrar agua y comida. Las ovejas utilizan el olfato para localizar a sus corderos.

CAPÍTULO UNO

LA VIDA COMIENZA

El borrego cimarrón es una especie de oveja salvaje autóctona de Norteamérica. Hay unos 80.000 ejemplares en Canadá, Estados Unidos y México. Hay tres subespecies de borregos cimarrones: Las Montañas Rocosas, Sierra Nevada y el cimarrón del desierto. El cimarrón de las Montañas Rocosas es el más grande en tamaño y número, y se encuentra en todas las Montañas Rocosas. El cimarrón de Sierra Nevada vive en las montañas californianas de Sierra Nevada. Los cimarrones del desierto viven en México y el suroeste de Estados Unidos. Son comunes en los desiertos de Mojave y Sonora.

La característica más distintiva del cimarrón son sus grandes cuernos curvados. Estos cuernos se utilizan principalmente para luchar. Pueden pesar hasta 13,6 kilogramos (30 libras). A medida que envejecen los **carneros**, sus cuernos pueden llegar a medir 0,9 metros (3 pies) de largo y 0,3 metros (1 pie) de circunferencia en la base. Las ovejas también tienen cuernos, pero más cortos y ligeramente curvados. Los cuernos de un cimarrón del desierto tienen rizos apretados. Los cuernos de los borregos cimarrones de Sierra Nevada tienen un rizo menos pronunciado.

HITOS DEL BORREGO CIMARRÓN DE LAS MONTAÑAS ROCOSAS

DÍA 1

- Nacido
- Pelaje lanoso y blanco
- Cuernos pequeños
- Puede caminar en cuestión de horas
- Peso: 4,1 kg (9 libras)

Los borregos cimarrones tienen un cuerpo compacto y musculoso. Su pelaje puede variar de color, desde casi blanco a chocolate oscuro, con ribetes blancos en el hocico, la grupa y el vientre. El macho cimarrón medio pesa entre 72,6 y 113 kg (160 y 250 libras). Algunos machos pueden llegar a pesar 159 kg (350 libras). Las hembras son algo más pequeñas, con un peso medio de entre 56,7 y 68 kg (125 y 150 libras). Los cimarrones del desierto son la especie más pequeña y se han adaptado al calor del desierto con un pelaje menos denso.

PRIMER PLANO

Ojos anchos

Con los ojos situados a los lados de la cabeza, los borregos cimarrones tienen un amplio arco de visión. Pueden ver a los depredadores sin girarse. Los borregos cimarrones pueden ver a un depredador hasta a 1,6 kilómetros (1 milla) de distancia.

Los cimarrones pasan gran parte de su tiempo en estrechos salientes montañosos que pueden tener una anchura de tan sólo 5,1 centímetros (2 pulgadas). Duermen en laderas empinadas y rocosas. Los salientes y laderas les protegen de los depredadores que no pueden sortear el terreno como los cimarrones. Entre los depredadores del cimarrón figuran coyotes, águilas reales, pumas, osos y lince canadiense.

FAMILIA  DESTACADA

Bienvenido al mundo

En las Montañas Rocosas, la oveja está lista para ser madre. Diez días antes, sus pezones empezaron a endurecerse al llenarse de calostro. Su cuerpo le estaba diciendo que era hora de parir, así que para prepararse, se encarama a un acantilado, a salvo de los depredadores y sola hasta que nace su cordero. El cordero llega, blanco y cubierto de lana. Nace con pequeños cuernos. Al final del día ya podrá andar, pero su madre lo mantendrá escondido durante más de una semana para protegerlo.

Como herbívoros **rumiantes**, los cimarrones se alimentan de hierbas, plantas **herbáceas** y arbustos. El trébol es uno de sus alimentos favoritos, al igual que el sauce y la salvia. Los cimarrones de las regiones desérticas también pueden comer acebo y cactus. A los cimarrones se les enseña a ser comedores selectivos desde una edad temprana, ya que la comida en las montañas puede ser escasa. Aprenden a alimentarse de plantas nuevas, que suelen ser las más **nutritivas**.

1 SEMANA

- Vive de la leche materna
- Se une al rebaño de ovejas de la madre
- Empieza a trepar por superficies escarpadas

3 MESES

- Bebe menos leche
- Se agarra al lado de la madre

PRIMER PLANO

Pies trepadores

Los borregos cimarrones tienen pies hechos para trepar colinas. La parte exterior de sus pezuñas está hecha de **queratina**, el mismo material que compone las uñas de los pies, que les proporciona resistencia y flexibilidad. La parte interior de la pezuña tiene una almohadilla blanda que permite a la oveja agarrarse y adaptarse a distintas superficies.

FAMILIA DESTACADA

Primera comida

El cordero recién nacido bebe la leche de su madre. La leche le proporciona todos los nutrientes necesarios para los primeros meses de vida. El amamantamiento también crea un fuerte vínculo entre la oveja y su cordero. El joven cordero se **destetará** entre los tres y los seis meses, pero a las pocas semanas de nacer ya empezará a comer las hierbas, flores y plantas que constituirán su dieta para el resto de su vida. Su madre estará a su lado, guiándole.

Un adulto

BORREGO CIMARRÓN

puede tener cuernos que pesan hasta 13,6 kg (30 libras).

6 **MESES**

- Destete completo de la madre
- Dientes de leche presentes
- Los cuernos aún no están desarrollados
- Peso: 34 kg (75 libras)

PRIMER PLANO

Cuatro estómagos

El borrego cimarrón tiene un estómago de cuatro partes. Esto les permite tragar grandes porciones de comida rápidamente. Después, regresan a su saliente o a su morada en el acantilado, donde pueden escupir la comida y volver a masticarla con seguridad.

CAPÍTULO DOS

PRIMERAS AVENTURAS

La habilidad de supervivencia más importante que aprende un borrego cimarrón es su capacidad de trepar. Los corderos pueden correr y trepar a los pocos días de nacer y tienen pezuñas gomosas que les ayudan a subir laderas. A medida que crecen, mejoran su habilidad trepadora compitiendo para ver quién corre más y más rápido por empinadas losas de roca. Su agilidad para trepar por las laderas y la adaptabilidad de las almohadillas de sus patas ayudan a las ovejas a escapar de los depredadores.

Los corderos permanecen cerca de sus madres en grupos de ovejas, donde aprenden a buscar comida. Los cimarrones de Sierra Nevada y del desierto comen trigo sarraceno y una variedad de hierbas que crecen en zonas sin nieve. Los cimarrones de las Montañas Rocosas se alimentan de hierbas, juncias y tréboles durante los meses cálidos. Durante los meses de invierno, su dieta cambia a sauce, acebo, cactus y salvia. Vivir en las montañas puede ser peligroso en invierno. Las fuertes nevadas pueden producir avalanchas y desprendimientos de rocas en los acantilados donde viven los cimarrones. Algunos rebaños

1 AÑO

- Comienzan a salir los dientes permanentes en el maxilar inferior
- Comienzan a crecer los cuernos
- Se forma el primer anillo en los cuernos
- Longitud del cuerpo: 81,3 cm (32 pulgadas)

PRIMER PLANO

Oídos excelentes

Los borregos cimarrones tienen un oído excelente. Pueden dirigir sus oídos hacia un ruido. Las ondas sonoras llegan en tiempos y volúmenes ligeramente diferentes a cada oído. A los borregos cimarrones les alarman los ruidos agudos y los sonidos fuertes, como ladridos y gritos.

FAMILIA DESTACADA

¡Come!

El cordero de tres meses está listo para comer. Su madre lo ha amamantado desde que nació, y a él le gusta la comodidad de poder comer a demanda. Pero se acerca rápidamente el momento en que su madre ya no estará dispuesta a amamantar a su cordero. La oveja madre sabe que su cuerpo pronto dejará de producir tanta leche, por lo que puede empezar a almacenar grasa para sobrevivir al largo invierno. Pero antes, quiere engordar a su cordero todo lo posible. Los corderos más gordos sobreviven mejor al invierno.

evitan estos peligros desplazándose a cotas más bajas durante el invierno, donde hay menos nieve y más plantas para comer.

Evitar a los depredadores y encontrar comida no son los únicos retos a los que se enfrentan los cimarrones. Los borregos cimarrones son muy susceptibles a las enfermedades **respiratorias**. Estas enfermedades están causadas por **patógenos** transportados por las ovejas domésticas. Las ovejas domésticas se introdujeron en el oeste de Estados Unidos en el siglo XIX y trajeron enfermedades que han matado a muchos cimarrones. Los conservacionistas han aprendido que el mejor remedio es evitar las interacciones entre los borregos domésticos y los cimarrones. Esto no siempre es posible en la naturaleza, y el riesgo de perder cimarrones por enfermedades respiratorias sigue siendo una amenaza constante.

(2) AÑOS

- Los machos y las hembras alcanzan la madurez sexual
- Las hembras se aparean por primera vez
- Los cuernos siguen creciendo y empiezan a enroscarse

PRIMER PLANO

Cuernos grandes

Los cuernos del borrego cimarrón no son sólo decorativos. Junto con la edad y el tamaño corporal, el tamaño de los cuernos determina qué carneros son los líderes de la manada. Cuanto más grandes son los cuernos, más control tiene el carnero sobre la manada.

FAMILIA  DESTACADA

Pruébalo

¡Qué asco! ¿Qué ha sido eso? El joven cordero escupe un bocado de hierba que tenía buen aspecto pero sabía seca y horrible. Su madre le advirtió que no comiera algo seco. Debería haber sabido que tenía que seguir comiendo las plantas que su madre le había enseñado. El cordero se acerca a una mata de trébol. Es dulce, húmedo y delicioso. Cuando acabe con el trébol, quizá pueda encontrar juncia para masticar. Mamá sabía lo que hacía.

LOS CIMARRONES

escapan de los depredadores trepando por las escarpadas laderas de las montañas.

4 AÑOS

- Los machos se han unido a un rebaño de carneros establecido
- Los machos pueden competir a cabezazos pero pierden
- Comienzan a aparecer anillos oscuros en los cuernos de los carneros
- El crecimiento de los cuernos de las hembras se ralentiza

PRIMER PLANO

Pieles

El pelaje de los cimarrones varía del blanco hueso al marrón oscuro. Estos colores les ayudan a mimetizarse con su entorno. Los cimarrones tienen un pesado pelaje de invierno de doble capa que les mantiene calientes en los meses más fríos. En verano mudan el pelaje.

CAPÍTULO TRES

LECCIONES DE LA VIDA

Cuando los cimarrones macho tienen entre dos y cuatro años, abandonan a su madre y se unen a una manada formada por otros carneros. Con el tiempo, todos los machos deben unirse a una nueva manada, y depende del carnero encontrar una. Puede ser difícil vagar solo hasta que un grupo de carneros le deje entrar.

Las ovejas y los carneros pueden empezar a criar en torno a los dos años, pero los carneros deben esperar a ser mayores y a que su cuerpo esté completamente desarrollado. Sus cuernos crecen con la edad y determinan su lugar en el rebaño. Los carneros más jóvenes con cuernos más pequeños son menos poderosos, por lo que rara vez pueden aparearse antes de los siete años. La época de apareamiento también se conoce como "celo" y tiene lugar entre agosto y enero, según la especie. Durante el celo, los carneros utilizan sus cuernos para luchar entre sí en competiciones de cabezazos. Los carneros se vuelven muy ruidosos, resoplan y gruñen. Estas competiciones pueden ser violentas y a menudo acaban con cuernos rotos. Rara vez acaban en muerte. El ganador de la competición se vuelve más poderoso que su oponente y tiene más control sobre el rebaño.

6 AÑOS

- Corre a 48,3 km (30 millas) por hora en terreno llano
- Sube cuestas a 24,1 km (15 millas) por hora
- Altura: 102 cm (40 pulgadas)

Tras las competiciones de cabezazos, el carnero más fuerte suele tener varias ovejas con las que aparearse. El carnero muestra su interés frotando su olor en el follaje y las rocas. También sigue de cerca a las ovejas. Sus acciones marcan su territorio y muestran a las ovejas que está listo para aparearse. Los corderos nacen en la primavera siguiente. Las ovejas suelen parir un cordero cada vez.

Durante el resto del año, los carneros permanecen en sus rebaños de machos y no se mezclan con grupos de hembras ni con ovejas jóvenes. Las hembras permanecen en el rebaño de su madre durante toda su vida. Sus rebaños están formados por ovejas y carneros menores de dos años, y están dirigidos por una oveja madura. Los rebaños de machos y hembras suelen tener entre 8 y 10 cimarrones. Los rebaños pueden tener hasta 100 ovejas, pero es poco frecuente. Los borregos cimarrones tienen una esperanza de vida media de 8 a 12 años.

FAMILIA DESTACADA

Así se hace

El carnero tiene ahora tres años. Ya no vive con su madre y se ha unido a un rebaño de otros carneros. Es tiempo de pastoreo. Se aleja del rebaño en busca de sus pastos favoritos. Por el rabillo del ojo, ve algo que se mueve. Levanta la cabeza, olfatea el aire e identifica la presencia de otro animal: un coyote. Un último trago y el carnero salta a un saliente cercano donde está a salvo y puede terminar su comida en paz.

PRIMER PLANO

Cráneos complicados

A diferencia de los humanos, las placas de los cráneos de los borregos cimarrones tienen bordes dentados que no se fusionan completamente. Las placas están un poco más sueltas y permiten a los carneros chocar entre sí sin causarse lesiones importantes.

7 AÑOS

- Los cuernos están completamente enroscados
- Se forma una protuberancia sin pelo en la parte posterior de la cabeza de los carneros
- Los machos ganan las competiciones de cabezazos
- Los machos se aparean por primera vez
- Las hembras siguen pariendo un cordero cada año

PRIMER PLANO

Tos, tos

La mayor parte del tiempo, los cimarrones son criaturas silenciosas que se basan en la postura corporal y el olor para comunicarse entre sí. Cuando se alarma, un cimarrón puede toser para alertar a otros cimarrones. A veces también balan.

FAMILIA  DESTACADA

La práctica hace al maestro

La hierba sabía bien cuando el carnero la arrancó de la tierra por primera vez. Tenía hambre y comió mucho, pero tenía que comer rápido por si había algún animal peligroso cerca. La hierba fue a parar a la primera parte del estómago cuádruple del cimarrón. Más tarde, solo y a salvo en una ladera rocosa, el carnero **regurgita** la hierba. Vuelve a masticarla con más calma, ya que ahora tiene tiempo de disfrutar de su comida por completo.

CARNEROS SE ENFRENTAN ENTRE SÍ en competiciones de cabezazos.

(12) AÑOS

- Longitud del cuerno: hasta 0,9 m (3 pies)
- Peso del cuerno: hasta 13,6 kg (30 libras)
- Fin de la vida

CAPÍTULO CUATRO

AYUDANDO A LOS BORREGOS CIMARRONES

El ser humano es una gran amenaza para el borrego cimarrón. Para muchos cazadores, un par de cuernos de cimarrón es un trofeo muy codiciado, no sólo por su aspecto único, sino porque el cimarrón es una presa muy difícil de cazar. Antes de la colonización del Oeste americano, el número de borregos cimarrones en Estados Unidos se estimaba entre 150.000 y 200.000 ejemplares. A medida que llegaba más gente a la zona, el cimarrón sufría descensos y la amenaza de **extinción localizada**. En 1860, la población norteamericana de cimarrón había descendido a entre 15.000 y 18.000 ejemplares.

Para preservar las poblaciones de cimarrón, muchos estados impusieron temporadas de caza limitadas. En Montana, la primera ley de conservación se aprobó en 1869. El borrego cimarrón sólo podía cazarse entre agosto y enero de cada año. A pesar de estos esfuerzos, toda una subespecie de borrego cimarrón, el Audubon bighorn, se extinguió en 1925. En la década de 1930 se aprobó la Ley Federal de Ayuda a la Restauración de la Fauna. Esta ley estableció un impuesto sobre los equipos de caza y las armas.

El impuesto se destinó a la restauración de los recursos y hábitats de la fauna salvaje. A pesar de la Ley de Restauración de la Fauna Silvestre, la población de cimarrones de Sierra Nevada se redujo a dos manadas en la década de 1970. Actualmente, esta subespecie de cimarrones está considerada en peligro de extinción en Estados Unidos.

Gracias a las **translocaciones**, los cimarrones han sido trasladados a lugares más seguros y su población ha crecido lentamente hasta alcanzar aproximadamente los 65.000 ejemplares en Norteamérica. Hay formas de garantizar la supervivencia de los cimarrones para las generaciones futuras. Una de las mejores formas es pedir a los representantes y senadores que representan a los estados occidentales que tomen decisiones sensatas sobre el uso de la tierra. Una forma más personal de ayudar es evitar los senderos durante la época de parto. Disponer de un espacio seguro para parir es crucial para el futuro de los cimarrones. Evitar acampar cerca de fuentes de agua en la naturaleza es otra forma de ayudar a los cimarrones y a otros animales salvajes. Limpiar después de las excursiones y acampadas demuestra respeto por los borregos cimarrones y todas las criaturas que viven al aire libre.

INSTANTÁNEAS

Wyoming alberga la mayor población de **cimarrones de las Montañas Rocosas**-aproximadamente 6.000- de los 48 estados más bajos.

Los cimarrones de las Montañas Rocosas se utilizan a menudo como símbolos del Parque Nacional de las Montañas Rocosas en Colorado.

Los **cimarrones de Sierra Nevada** se han adaptado a los climas secos del desierto y pueden perder el 30 por ciento del líquido de su cuerpo antes de deshidratarse.

Aunque los cimarrones de Sierra Nevada tienen los cuernos más pequeños de todas las especies de cimarrones, sus cuernos son más anchos y sobresalen más.

Los **cimarrones del desierto** tienen una esperanza de vida más corta que otras especies de cimarrones y suelen vivir entre seis y ocho años.

Los cimarrones del desierto son los únicos cimarrones que se encuentran en México.

Los borregos cimarrones pueden saltar distancias de 6,1 m (20 pies). Sus excelentes habilidades para trepar sólo son superadas por las cabras montesas.

Los borregos cimarrones prefieren las grandes altitudes y las condiciones climáticas adversas. Viven a más de 3.048 m (10.000 pies) sobre el nivel del mar.

Se puede saber la edad de un cimarrón por el tamaño de sus cuernos y el número de anillos que tiene. Un anillo equivale a un año.

PALABRAS para saber

calostro primera secreción de las glándulas mamarias tras el parto

carnero borrego cimarrón macho

destetar acostumbrar a un lactante a alimentos distintos de la leche materna

extinción localizada la desaparición de una raza o especie de una región geográfica específica

herbáceo relativo a las hierbas

nutritiva nutritiva o eficaz como alimento

oveja borrego cimarrón hembra

patógeno un organismo diminuto que causa enfermedades

queratina proteína fibrosa que constituye el pelo, las plumas, los cuernos, las garras y las pezuñas

regurgitar volver a subir por la boca

respiratorio relativo a la respiración o a los órganos de la respiración

rumiante mamífero que mastica su alimento parcialmente digerido después de escupirlo

translocación movimiento de algo de un lugar a otro

Visita

ZOO DE BÚFALO

Los borregos cimarrones tienen su propia exhibición en este zoo de Nueva York.

300 Parkside Avenue
Buffalo, NY 14214

HEMKER PARK & ZOO

Contempla a los borregos cimarrones en el Medio Oeste durante un viaje en tranvía que recorre todo el zoo.

26715 County Road 39 Freeport, MN
56331 Parque Nacional de las Rocosas
County Road 39
Freeport, MN 56331

ROCKY MOUNTAIN NATIONAL PARK

Observa al borrego cimarrón en su hábitat natural en Horseshoe Park. El final de la primavera y el principio del verano son las mejores épocas para avistar borregos cimarrones.

U.S. Highway 36 West
Estes Park, CO 80517

SAN DIEGO ZOO SAFARI PARK

Dirígete a la exposición Condor Ridge para ver borregos cimarrones del desierto.

15500 San Pasqual Valley Road
Escondido, CA 92027

ÍNDICE